生物百科

奇妙的动植物世界

会产生香味的动物

周高升 编著

中州古籍出版社

图书在版编目(CIP)数据

会产生香味的动物 / 周高升编著. — 郑州：中州
古籍出版社，2016.2
ISBN 978-7-5348-5949-6

Ⅰ.①会… Ⅱ.①周… Ⅲ.①动物-普及读物 Ⅳ.
①Q95-49

中国版本图书馆 CIP 数据核字(2016)第 037036 号

策划编辑：吴　浩
责任编辑：翟　楠　唐志辉
装帧设计：严　潇
图片提供：fotolia
出版社：中州古籍出版社
　　　　（地址：郑州市经五路 66 号　电话：0371—65788808　65788179
　　　　邮政编码：450002）
发行单位：新华书店
承印单位：北京鑫富华彩色印刷有限公司
开本：710mm×1000mm　　　　1/16
印张：8　　　　　　　　　　字数：99 千字
版次：2016 年 5 月第 1 版　　印次：2016 年 5 月第 1 次印刷

定价：27.00 元

前 言 PREFACE

　　广袤太空，神秘莫测；大千世界，无奇不有；人类历史，纷繁复杂；个体生命，奥妙无穷。我们所生活的地球是一个灿烂的生物世界。小到显微镜下才能看到的微生物，大到遨游于碧海的巨鲸，它们都过着丰富多彩的生活，展示了引人入胜的生命图景。

　　生物又称生命体、有机体，是有生命的个体。生物最重要和最基本的特征是能够进行新陈代谢及遗传。生物不仅能够进行合成代谢与分解代谢这两个相反的过程，而且可以进行繁殖，这是生命现象的基础所在。自然界是由生物和非生物的物质和能量组成的。无生命的物质和能量叫做非生物，而是否有新陈代谢是生物与非生物最本质的区别。地球上的植物约有50多万种，动物约有150多万种。多种多样的生物不仅维持了自然界的持续发展，而且构成了人类赖以生存和发展的基本条件。但是，现存的动植物种类与数量急剧减少，只有历史峰值的十分之一左右。这迫切需要我们行动起来，竭尽所能保护现有的生物物种，使我们的共同家园更美好。

　　本书以新颖的版式设计、图文并茂的编排形式和流畅有趣的语言叙述，全方位、多角度地探究了多领域的生物，使青少年体验到不一样的阅读感受和揭秘快感，为青少年展示出更广阔的认知视野和想象空间，满足其探求真相的好奇心，使其在获得宝贵知识的同时享受到愉悦的精神体验。

　　生命正是经过不断演化、繁衍、灭绝与复苏的循环，才形成了今天这样千姿百态、繁花似锦的生物界。人的生命和大自然息息相关，就让我们随着这套书走进多姿多彩的大自然，了解各种生物的奥秘，从而踏上探索生物的旅程吧！

目 录 CONTENTS

目
录

会

产

生

香

味

的

动

物

HUICHANSHENGXIANGWEIDE DONGWU

第七章　抹香鲸　/ 103

后记　天然香料的发展史　/ 117

第一章
珍贵的动物香料

在人类文明史上，很早就有使用香料的记载。一些考古学家认为香料的应用起源于帕米尔高原的游牧民族，后传入我国内地，之后经由印度、埃及、阿拉伯再传入希腊和罗马。古人所用的香料都是从植物或动物中获取的天然香料。这里主要谈一谈动物性的天然香料。

天然的动物香料

　　动物家族亦似大千世界、茫茫人海，光怪陆离，千奇百怪。一些奇特、珍贵的能产生香味的动物十分罕见，备受人们青睐。了解它们的情况，掌握它们的底细，关心它们的现状，会使您感到十分有趣，从而激发探究兴趣，无形中为您的生活增添几点馨香。

　　这里主要谈一谈从动物身上提取的天然香料。作为各种高档香水和香精的重要原料，它们至今仍被人类广泛地应用。这些香料中除了龙涎香以外，都是动物香腺的分泌物，具有强烈持久的气味。对这些动物来说，将分泌物涂抹于生活区域，主要用于同种之间彼此识别、划定地盘、求偶等。

麝　香

　　麝香取自雄性麝科动物的生殖腺分泌物。麝可以分为原麝、林麝、马麝、黑麝和喜马拉雅麝五种，它们都可以分泌麝香。原麝又名香獐，是鹿类中体型最小的成员之一，主要分布在亚洲东北部和中部，如中国、朝鲜、俄罗斯、蒙古，以及印度等国家。

　　它们喜欢栖居于海拔2600~3600米高的森林和灌木丛中，体长65~95厘米，肩高约50厘米。雄麝无角，上犬齿可长达7厘米，露出唇外。麝喜独居生活，在清晨和傍晚活动，主要吃树木的嫩芽、杂草、苔藓和地衣。它们行动敏捷，善跳跃，听觉和视觉敏锐。雄麝2岁开始分泌麝香，10岁左右进入最佳分泌期，每只麝可分泌麝香50克左右。成年雄麝喜欢在树干、岩石等物体上摩擦尾部，并留下分泌物，借以作为路线标记和彼此联系的信息。

　　位于麝脐部的香囊呈圆锥形或梨形，阴囊的分泌物储积于此。麝的分泌物为红褐色的颗粒或胶状物，脱离麝体后逐渐干燥成棕黄色或黑褐色，俗称毛香。香囊内有颗粒状和粉状的麝香仁，麝香仁呈紫黑色，微有麻纹，油润光亮，偶尔杂有细毛，俗称当门子。直接从麝身上取出的麝香，具有强烈的恶臭，必须用酒精高度稀释并密封储存数月，才会散发出独特的香气。麝香具有特殊动物香气，而且还是极为名贵的中药材，因而原麝遭到过度捕猎。过去人们获取麝香的办法就是杀麝取香，随着技术的发展，现在已经可以人工养殖活麝刮香，这对保护麝类动物资源有很重要的意义。

麝香中大部分是动物树脂和动物色素，其主要芳香成分是仅占2%左右的麝香酮。1906年，麝香酮首次由Walbaum成功分离出来。1926年，瑞士科学家Ruzicka确定它的化学结构为3-甲基环十五烷酮，之后的进一步研究中他还发现了其中的其他芳香成分5-环十五烯酮、3-甲基环十五烯酮、3-甲基环十三酮、环十四酮、5-环十四烯酮、麝香吡喃、麝香吡啶等十几种大环化合物。此外麝香中还含有十几种甾类化合物，有微弱的雄性激素作用。

灵猫香

　　灵猫的品种较多，但可供取香的主要是大灵猫、小灵猫和非洲灵猫。大灵猫和小灵猫产自亚洲东南部，分布于中国南部、印度、斯里兰卡、印度尼西亚等国；非洲灵猫主要分布在埃塞俄比亚、几内和塞内加尔等国。它们全是些小型和中型食肉动物，体长40～80

厘米，主要栖息在热带和亚热带的森林或草丛中，以小型动物、昆虫为食，也吃植物的果实和根。它们身上大多有起伪装作用的斑点或条纹，视觉、听觉和嗅觉都很敏锐，属夜行性动物。雌雄灵猫腹部后方，都有一对香腺分泌灵猫香。灵猫幼年时就分泌灵猫香，可持续分泌十几年。

　　雌雄灵猫的香囊可容纳柔软多脂的分泌物——灵猫香。新鲜的灵猫香是淡黄色流动物质，像凡士林一样，久置则凝成褐色膏状物，闻起来具有令人不愉快的恶臭，因而也需要像麝香一样加酒精稀释并放置几个月。提取的灵猫香具有比麝香更为优雅的香味。早期传统取香的方法也是捕杀灵猫割取香囊，现在主要采取人工饲养，定期刮香的方法，每次刮香数克，一年可刮40余次。灵猫香也是重要的中药材，具有提神醒脑的作用。

　　灵猫香也含有大量的动物性树脂和动物性色素，它的主要芳香成分是灵猫酮，含量约为3%。1915年，Sack首次成功分离灵猫酮。1926年，Ruzicka确定其化学结构为9-环十七烯酮。之后科学家们还从灵猫香中分离出二氢灵酮、6-环十七烯酮、环十六酮等多种大环酮化合物，它们也是构成灵猫香芳香成分的一部分。

海狸香

海狸这个名称是不确切的，因为这种动物并不生活在大海中而是生活在河边，因此其学名已经改为河狸，但在香料界还是使用海狸香的名称。世界上的河狸有欧亚河狸和美洲河狸两种。河狸原产

于俄国西伯利亚和加拿大等地，我国新疆和蒙古边境也有分布。河狸是中国啮齿动物中最大的一种，体型肥硕，头短而钝、眼小、耳小、颈短；门齿锋利，咬肌尤为发达，一棵直径为40厘米的树只需两个小时就能被河狸咬断。河狸体重17～30千克、体长60～100厘米；前肢短宽，无前蹼，后肢粗大，趾间具全蹼，并有搔痒趾；尾大而宽，上下扁平覆盖角质鳞片；肛腺前有一对香腺分泌海狸香。河狸以家族为单位结群生活，常用石头、泥土和树枝在水边建造结构复杂的堤坝和巢穴，其入口隐藏在水面以下，河狸享有动物中的"建筑师"美称。河狸主要吃树皮、草本植物和水生植物，秋季有储藏食物的习性。除了出产香料外，河狸的毛皮也十分珍贵。

　　雌雄河狸腹部后边有两个梨形的香囊，香囊内的黏稠液体即海狸香。

新鲜的海狸香为乳白色黏稠物，经干燥后呈褐色树脂状，也有恶臭，也需要加酒精稀释并放置几个月。可能由于生活环境和食物的不同，俄国产的海狸香具有皮革香气，加拿大产的海狸香具有松节油香气。

如同麝香和灵猫香一样，海狸香也含有大量动物性树脂。海狸香的主要芳香成分为含量4%～5%的海狸香素，此外还含有水杨苷、苯甲酸、苯甲醇、对乙基苯酚等。1977年，瑞士科学家又从中分离出了海狸香胺、三甲基吡嗪、四甲基吡嗪、喹啉衍生物等含氮芳香成分。

麝鼠香

　　麝鼠是水性很好的啮齿类动物，原产于北美洲。麝鼠体型肥胖，体长20～30厘米，重1～1.5千克，生活在淡水或咸水沼泽、河湖中。它们后足有半蹼，尾巴扁平，游泳时起舵的作用。麝鼠听觉、嗅觉灵敏，但视觉很差。与河狸相似，麝鼠也在河边掘洞居住，洞在水面以上，入口在水下，有时它们也会在沼泽地上用

各种植物堆成小丘做窝。麝鼠的食性很杂，平时主要以水生植物为食，食物缺乏时也吃鱼虾、贝类等动物性食物。麝鼠繁殖能力很强，每年都能生育数窝幼崽，每年4～9月是麝鼠的泌香期。

雄性麝鼠在腹部后面有一对香囊。通过人工饲养活体刮香每年每只麝鼠可以刮香5克左右。新鲜的麝鼠香是呈淡黄色、有令人不愉快臭味的黏稠物，久置颜色变深。麝鼠香也要用酒精稀释和放置熟化。麝鼠香的香气非常接近麝香，因此又被称为麝鼠麝香或美国麝香。麝鼠香价格相对便宜，经常作为麝香的替代品使用。

人们通过对麝鼠香进行分析发现，它的芳香成分和麝香的成分十分接近，以麝香酮、环十五酮、9-烯环十七酮、环十七酮等大环化合物为主，所以它的香气会接近麝香。人们从麝鼠香中还分析出如胆甾-5-烯-3-醇等多种甾类化合物。此外麝鼠香中还含有十一烯醛、辛酸、壬酸等数十种化合物。

龙涎香

　　龙涎香来自于海洋动物抹香鲸。抹香鲸是最大的齿鲸，它具有巨大的方形头部，身长可达20米，能潜到1000米深的水下。它喜食乌贼，通常成群结队地在360米以下的深海捕猎。抹香鲸分布于全世界的各大海洋中，大多生活在赤道附近的温暖海区，但在北极圈内也有发现。以前人们认为只有雄性抹香鲸会产生龙涎香，现在的

研究表明雌性抹香鲸也能产生。关于它的成因尚无定论，有人认为它是抹香鲸的胆结石，也有人认为它是一种自然分泌物。一种为人们普遍认同的说法是，抹香鲸体内未能完全

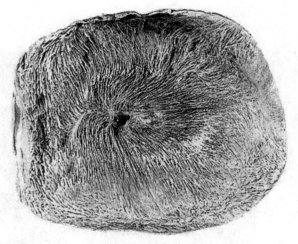

消化的食物（如乌贼的喙）损伤了鲸的消化道后，鲸体内分泌物所形成的病理性结石即为龙涎香。这些分泌物的结石，被抹香鲸吐出后在海上漂流，有时冲上海岸，因此大多数龙涎香都是人们在海岸上捡到的。龙涎香在中国南部、印度、南美和非洲等地发现较多。

龙涎香为灰色或褐色的蜡样块状物质，小则几千克，大至几十

千克；在加热到60℃左右时开始软化，在70℃~75℃时即熔化成液体。刚刚从抹香鲸体内吐出的龙涎香几乎没有什么香气，而且还有很强的腥臭

味，在经过海上长期漂流的过程中的自然氧化后，香气会逐渐加强，腥味逐渐散去。但这时的香气还不是十分完美，需要将这种龙涎香块加酒精稀释后密闭储存1~3年，它的香气才能充分发挥出来。龙涎香具有温和的乳香香气，且香气持久，在上述五种动物香料中最为高贵，其他植物香料也很少能与之相媲美。因此龙涎香只有在极高档的香精、香水中才会使用。龙涎香也是名贵药材，还有防腐的作用。

　　龙涎香含有大量的有机氧化物、酮、羟醛和胆固醇，还含有少量苯甲酸、琥珀酸、磷酸钙等化合物。龙涎香中的主要芳香成分是龙涎香醇，它是一种结构复杂的多环化合物，它在熟化的过程中氧化分解成多种化合物，这些化合物共同组成了龙涎香特有的香气。

动物性香料的人工合成

　　总的来说，动物性天然香料至少有十几种，但已经商业化并广泛应用的香料主要是前文介绍的五种。前述动物香料不仅本身具有高贵的芳香，而且由于其熔点较高，挥发度低，还可以作为优良的定香剂。它们在与其他易挥发香料混合调配香水、香精时，可以减慢这些成分的挥发速度，并对其原有香气进行修饰。

　　随着科学技术的发展，人们开始尝试人工合成这些香料，1934年，Treff和Werher首次成功合成了麝香酮；1942年，Hunsdicker合成了灵猫酮。Stoll于1948年对这一合成方法进行了改进，并应用于大规模商业化生产。目前这些动物香料中的主要芳香成分大多可以通过化学方法人工合成。但是，人工合成的香料虽然能够在一定程度上模仿天然香料，其品质和价值却是无法和纯天然香料相比的，这是因为天然香料不仅含有上述已知的芳香物质，还含有很多种难以分析出的极微量化学成分。它们共同作用，生成了天然动物香料独特的芳香，这是人工香料难以达到的。所以说，天然动物香料就如同天然宝石一样，是大自然的瑰宝。

第二章
灵　猫

　　灵猫经常在笼舍四壁摩擦，分泌出具有香味的油质膏，春季发情时泌香量最大。灵猫泌香量大小与动物体形大小、香囊大小、身体健康状况和饲料中蛋白质含量有关。初泌的香膏为黄白色，经氧化而色泽变深，最后呈褐色。初期的香膏带有腥臊味，后日渐淡化。

了解灵猫科

　　灵猫科是食肉目的一科，人们将它们划分为许多不同的属（一说35属72种，一说10～12属15～20种），著名的种群有大灵猫、小灵猫、熊狸等。

　　灵猫有很多种，主要生活在非洲和亚洲南部的热带和亚热带地区的森林边缘，它们住在岩洞或树洞里。

　　灵猫喜欢在夜里出来活动，白天则伏在灌木丛中休息，捕食的时间一般在清晨和黄昏。它们捕猎的对象为小鼠、小鸟、青蛙、鱼、蟹、昆虫等，

有时也吃一些植物的果实。

外形特征： 灵猫科有6亚科：隐肛狸亚科、食蚁狸亚科、缟狸亚科、双斑狸亚科、棕榈狸亚科、灵猫亚科。它们主要分布于非洲和亚洲南部的热带和亚热带。

灵猫的体长一般在67～82厘米（含一条长而细的尾巴），体重在5～8公斤之间。

它们体型细长，后足仅具4趾，四肢短，具腺囊，头骨形态及牙齿与犬科较接近，但上裂齿原尖较大，且有较发育的前附尖。上下颌臼齿全为2对，上臼齿横列。

雌性灵猫在会阴部、雄性在睾丸与阴茎之间均有发达的芳香腺囊来分泌灵猫香，雄性灵猫香的分泌量比雌性多1倍以上。大灵猫

在活动中经常举尾，把腺囊的泌香擦抹在小树桩或石块上，作为占据领域的标志。灵猫香的主要化学成分是17巨环酮枣灵猫酮，是配制高级香精必不可少的定香剂，亦是很好的药材。

皮毛多斑纹和腺体发达也是灵猫的特征。

栖居地及生活习性：最早灵猫发现于欧洲上始新世。从晚渐新世开始，已分成灵猫和獴两支。主要分布在西藏南部喜马拉雅山区，云南西北部高黎贡山、碧罗雪山，西部盈江，西南部孟连、澜沧，南部勐腊、金平、马关，中部新平、哀牢山，贵州贵阳和榕江，四川西部雅安，广西西南部百色地区和广东莲山。国外见于尼泊尔、不丹、锡金、印度东北部、缅甸、老挝和越南北部。

灵猫类动物主要栖息于海拔2700米以下的热带雨林、亚热带山地湿性常绿阔叶林、季风常绿阔叶林及其林缘灌丛、高草丛等环境；多营地栖生活，亦可上树捕食松鼠、鼯鼠。它们行动快速敏捷，故又叫"彪鼠"。灵猫科动物主要以鼠类、蛙类、鸟类和昆虫等为食，亦常到村寨附近偷食家禽，在山区甚至会潜入民屋内捕食鼠类。在云南高黎贡山地区，灵猫的产仔期多在每年的4月，每胎以2仔居多，幼体2～3年可成熟。

灵猫科：共35属72种，其中非洲灵猫、大灵猫和小灵猫以产灵猫香闻名世界。中国产5种灵猫，其中大灵猫和小灵猫已有人工饲养，并可获取灵猫香。

大灵猫身体大小似家犬，体长67～82厘米，体重5～8千克；尾细长，约37～47厘米；吻长而尖；全身灰棕色，背中央有1条黑色长鬣毛形成的背中线；颈下有3条黑白相间的颈纹；四肢极短，呈暗褐色；尾上有6个黑白相间的尾环。

　　小灵猫身体小，仅及大灵猫之半，类似家猫；全身棕黄，遍体具棕黑色斑点，尾上亦有环。小灵猫亦具发达的芳香腺。大灵猫每年春天交配，怀孕期约70天，每胎产2～4仔。小灵猫在春季和秋季交配，夏末或冬初产仔。

　　灵猫科目前已被列为国家Ⅱ类重点野生保护动物。位于云南和西藏的分布区内大多建有国家级和省级自然保护区。保护区内的多数种群得到了保护。

隐肛狸

　　隐肛狸即马岛獴，分布于马达加斯加岛，为马达加斯加岛最大的食肉动物。其体结实，肩高约37厘米，体长61～80厘米，体重5～10千克，尾长可达80厘米。雄体大于雌性。其外形似美洲雄狮，嘴部似狗；体毛较短；全身棕色，富有光泽；栖息于热带雨林中；独居，夜间活动较多，白天也活动。它们可像松鼠一样在树木间跳跃，繁殖季节通过特殊的气味相互联系。马岛獴在9、10月交配，孕期90天，每胎产2～4仔。幼仔出生时体重约100克，15天睁眼，4个月可自由活动，15～20个月离开母兽。马岛獴4岁性成熟，寿命可达20年。由于人类带入岛的家猫和家犬携带的狂犬病等疾病，导致其数量下降，所以目前总数不足3000只。

食蚁狸

尖吻灵猫即食蚁狸，分布于马达加斯加西部沿海潮湿的低地森林中。体长45～65厘米，尾长22～25厘米。吻细长，体较粗肥。尾圆柱形，并贮存脂肪。每年7、8月份交配，并于12月、次年1月产仔，每胎产1～2只。幼仔出生体重约150克，并已睁眼。食蚁狸夜间活跃，大多独居，偶尔成群出没，用气味标志领土。其尖长的鼻吻适于捕食土中的蚯蚓等小型无脊椎动物。栖息地减少和人类的捕猎对其造成一定威胁。

马岛缟狸

马岛灵猫即马岛缟狸，分布于马达加斯加岛东北部。体长40～45厘米，尾长21～25厘米，体重1.5～2千克。以啮齿类、小鸟、昆虫等小动物为食。成对生活。8、9月交配，孕期3个月。出生即睁眼。人工饲养下可活11年。由于栖息地的破坏，种群受到严重威胁。

缟灵猫

缟灵猫即印支缟狸，体长约50厘米，尾长约为体长的3/5。吻部突出。肩部有一"八"字形斑，背部具4条宽而大的黑色横斑，故又叫"横斑灵猫"或"八卦猫"。尾基部有两条黑褐色宽带，尾2/3以后的端部全为黑褐色。其分布区很小，为越南北部、云南南部和老挝交界地区特有属种。在云南南部仅分布于麻栗坡、马关、河口、屏边、金平和绿春。栖息于印度支那北部的热带雨林、季雨林和南亚热带季风常绿阔叶林、次生林、林缘灌丛和草丛。多沿河流、沟谷边活动和寻食。栖息的海拔高度一般在500米以下。为地栖，亦能上树活动。食小鼠、小鸟、鸟卵、蜥蜴、蛙类和昆虫，亦食植物的鲜嫩枝叶和浆果。除繁殖期外，主要独栖。夜行性，白天隐藏于树洞、土洞或林木浓密之处休息。每年1～3月交配，孕期约60天，每年1或2胎，每胎产1～3仔。为我国濒危物种。

双斑狸

非洲椰子狸即双斑狸，分布于非洲东部丛林中。体重1.7～2.1千克。毛发直立粗糙。尾强而有力，长度与躯长相等。四肢短小有力，耳小。眼黄绿色。每年繁殖二次，孕期64天，5月和10月是生育期。在空心树干中产仔，一胎可多达4只，平均每胎2只。一般独行，年轻雌性在完全成年前与母兽做伴。雌雄繁殖期偶尔也成对出

没，曾发现十几只的暂时小群体在果实集中的树林中出没。夜行性，在黄昏后和黎明前活跃。常在树上休息活动。每个足的第三趾和第四趾之间有腺体，下腹部也有产生气味的腺体，用以标记领地。杂食性，以啮齿动物、昆虫、鸟蛋、鸟类、果蝠、腐肉、水果等为食，喜捕食家禽。

熊狸

熊狸，分布于非洲东部丛林中及东南亚，在我国仅见于云南和广西。体长70～80厘米，尾长接近体长，体重8～13千克，为灵猫

科第二大种类，形似小熊，雌性体形比雄性大出20%。尾端具缠绕性，能缠住树枝以撑身体觅食。毛长而稀疏，粗糙而蓬松。绒毛长而呈波浪状。足垫大，几乎覆盖整个足底。栖于热带雨林和季雨

林，树栖。夜行性。主要以果实、鸟卵、小鸟及小型兽类为食，尤喜榕树果实。在受威胁时会变得异常凶猛，而在开心的时候会发出咯咯笑的声音。常年可繁殖，每年2～3月发情交配，孕期2～3个月，一般5月中下旬产仔。一胎产2～4仔，以2仔居多。幼仔2岁成熟。寿命10～15年。我国熊狸的数量估计已不足200只，处于高度濒危状态，为国家一级保护动物。

灵猫的经济价值

在我国，灵猫的多数种类只分布在长江流域及以南各省，在我国分布的灵猫共有9属，11种。灵猫科中不少种类的毛皮是制作皮裘和皮褥的原料，其毛皮具有色泽鲜艳、斑纹美丽、毛绒柔细等优点。其香腺的分泌物称灵猫香，为重要的动物香料之

一，且有类似麝香的药用功能。多数种类以鼠类为主食，这对防治鼠害有一定作用；树栖为主的一些种类喜食水果，对果园有所危害。

灵猫分小灵猫和大灵猫，属哺乳纲、食肉目、灵猫科动物。

全世界灵猫科的动物有许多种，其中只有大、小灵猫具有药用价值。小灵猫别名七节狸、香狸、斑灵猫、乌脚猫；大灵猫别名九节狸、麝香狸、青鬃、送尿狸。

灵猫香是著名的四大动物香料之一，近年来麝香资源减少而用

药十分紧缺，麝香价格昂贵，生产成本高。用灵猫香代替麝香既可降低成药成本，减轻患者经济负担，又可保护麝香资源。另外小灵猫香还可用来制作高级香精，小灵猫的皮毛、肉、骨都有很高的经济价值。

灵猫香

　　灵猫经常在笼舍四壁摩擦，分泌出具有香味的油质膏，春季发情时泌香量最大。且泌香量大小与动物体形大小、香囊大小、身体健康状况和饲料中的蛋白质含量有关。初泌的香膏为黄白色，经氧化色泽变深，最后呈褐色。

　　灵猫香鲜品为蜂蜜样的稠厚液，白色或黄白色，经久则色泽渐变，由黄色变成褐色，质稠呈软膏状。气香似麝香而浊，味苦。

　　取灵猫香置于手掌中，搓之成团，染手；取灵猫香少量，用火点之，则燃烧而发明焰；将灵猫香投入水中，不溶。

　　灵猫香以气浓、色白或淡黄、匀布纸上无粒者为佳。

★灵猫香的药理作用

　　（1）抗炎作用。灵猫香醇提取物对巴豆油所致小鼠耳水肿及醋酸所致小鼠腹膜炎有明显抑制作用，但对琼脂及鲜酵母所致大鼠足底肿与棉球所致大鼠肉芽肿的炎症模型，在很大剂量下才显示抗炎作用。

（2）镇痛作用。灵猫香醇提取物0.5~20g/kg及总大环酮0.16g/kg，口服经小鼠和大鼠扭体法实验证明有镇痛作用，且有剂量依赖关系。

（3）对中枢的作用。灵猫香对大白鼠的戊巴比妥的催眠实验表明，灵猫香可缩短其睡眠时间，而且可削弱戊巴比妥的毒性。受试动物血中及全脑中的戊巴比妥含量均显著低于对照组。合成灵猫香也可缩短大鼠戊巴比妥的睡眠时间，研究认为这与诱导肝药酶有关。而对雄性小白鼠的硝酸士的宁实验表明有协同作用，对照组肌肉痉挛发生率为60%，灵猫香组为90%，说明灵猫香对低级中枢有兴奋作用。

（4）对子宫的作用。灵猫香对多数未孕大白鼠子宫有兴奋作用。对早孕家兔子宫呈兴奋作用，但有时出现痉挛现象。对离体子宫具有兴奋作用，不论雄性、雌性的灵猫香，均与麝香具有相同的兴奋作用。

（5）毒性。灵猫香对小鼠口服的半数致死量（LD50）为33.5ml/kg，其毒性较低。灵猫香与蟾蜍合用可显著增强蟾蜍的毒性，可致受试小鼠发生剧烈抽筋、死亡。

走近小灵猫

　　小灵猫，又称香猫，其他的别名有七节狸、笔猫、乌脚狸，属哺乳纲灵猫科，是毛皮动物。小灵猫产的灵猫香是世界著名的四大动物香料（即麝香、灵猫香、海狸香、龙涎香）之一。灵猫香系香料工业的重要原料和贵重的中药材。

　　小灵猫是生活在东南亚及南亚的一种麝猫，它们多栖息在低山的森林、阔叶林等地，除了吃老鼠、昆虫、青蛙、鸟类外，偶尔也吃水果。这个物种多在晚上或清晨活动，白天则躲在树洞或石洞中休息。小灵猫分布于中国南方、越南、泰国、老挝、柬埔寨等地。

　　现在中国的小灵猫养殖产业也在迅速发展之中。小灵猫为猫农们带来了巨大的经济效益。

　　小灵猫外形与大灵猫相似但较小，体重2～4千克，体长46～61厘米，比家猫略大，吻部尖，额部狭窄，四肢细短，会阴部有囊状香腺，雄性的较大。肛门腺体比大灵猫还发达，可喷射臭液御敌。小灵猫全身以棕黄色为主，唇白色，眼下、耳后棕黑色，背部有五条连续或间断的黑褐色纵纹，具不规则斑点，腹部棕灰，四脚乌黑，故又称"乌脚狸"。它的尾部有7～9个深褐色环纹。

　　小灵猫栖息于多林的山地，比大灵猫更能适应凉爽的气候。它一般在石堆、墓穴、树洞中筑巢，巢有2～3个出口。它以夜行性为主，虽极善攀缘，但多在地面以巢穴为中心活动；喜欢独居。

　　灵猫香采集有两种方法，即直接取香和挤香。直接取香要先将小灵猫赶入特制的60厘米×22厘米×20厘米的取香笼内，在小灵猫

臀部处，用木板设一虎卡形闸门，不让其动弹。然后拉开活动门，拉出它的尾部，让其后肢刚好露在活动门外，并紧贴活动门边。接着将香囊口边的香取出，取完后涂些甘油保持滑润。若采取挤香法，则要用手捏住香囊的后部轻轻而柔和地挤压，使膏流出。挤香法每次得量比直接取香多得多。挤香法是一种强制性取香法，易使小灵猫受惊，并且在操作中极易损伤灵猫的香腺组织。特别是在热天，挤香造成的伤痕容易感染发炎，影响灵猫香的产量和质量。挤香后应在香囊上涂上椰子油或甘油，若有充血应涂抗生素或磺胺油膏以防发炎。技术熟练者整个过程只需2～3分钟即可完成。

小灵猫的人工饲养

由于国内麝香资源不足，每年我国都要从国外进口大量的灵猫香用于食品香料加工和化妆美容产品生产。人工饲养小灵猫年可取香数十次，一只小灵猫年产35～50克灵猫香。国内价格为每千克3600元。发展小灵猫人工饲养，不但可保护国家级珍稀动物，还能

解决香料和药用问题，同时增加养殖户的经济收入。现将人工饲养技术介绍如下。

小灵猫的生活习性

　　小灵猫喜幽静、阴暗、干燥、清洁的环境和独居生活，怕冷、畏光、机警、胆怯，为昼伏夜出性动物，在人工饲养条件下，也是白天藏于洞穴，黄昏后出窝单独活动。它是野生杂食动物，食性极广。人工饲养中，动物性饲料有青蛙、泥鳅、黄鳝、蛇、鱼、虾、田螺及家畜家禽的内脏等。植物性饲料有小麦、大麦、玉米、薯类、植物茎、瓜果、菜叶、豆粉等。一般动物性饲料应占60%

～70％，且鱼类和肉类应占一定比例。人工配制饲料应根据各地的资源状况灵活掌握。常用配方为：肉类40％，鱼类20％，大麦粉7％，小麦粉8％，玉米粉6％，豆粉8％，多汁饲料胡萝卜或薯类4％，菜叶2％，畜用酵母1％，骨粉1.5％，食盐0.5％，微量的维生素A、维生素B、维生素E。

小灵猫的笼舍建造

人工饲养小灵猫，可将空闲的牛棚、猪圈及旧房等，改造为适合小灵猫喜独居、喜居冬暖夏凉及幽暗安静等习性的环境，其笼舍应由卧室和活动场组成。小灵猫的爪、牙锋利，故所建笼舍要牢固，

笼舍应用砖和水泥砌成。每只小灵猫的活动场地为1平方米。笼舍高70厘米，卧室的面积、高度与活动场地相同或略小。两者用抽板隔开。可用角铁、冲花铁皮制成100厘米×100厘米×70厘米的活动笼；卧室用木板、竹片做成35厘米×厘米35×40厘米窝箱或用箱式水泥结构做成窝箱。笼舍应向阳、通风、保暖、干燥、易于清除粪便，应在可以保持清洁卫生的地方安置。

小灵猫的饲养管理

　　小灵猫昼伏夜出，白天在下午4~6点可喂食1次，每只小灵猫每次饲喂配合饲料以在半夜前陆续吃完为宜。在灵猫配种季节，应加喂动物性饲料及维生素饲料。妊娠期灵猫食量增大，饲喂量应比平时增加30％～50％。临产前，适当补充牛奶、鸡蛋、动物性饲料等。仔猫经母猫喂养3个月后断奶，每只仔猫每日中午和晚间各喂1次熟鱼粥或熟肉粥，并在饲料中混牛奶50毫克、钙片0.5克、酵母0.6克，以增加营养，促进其消化吸收。断奶后，仔猫不能与母猫同窝饲养或几只仔猫同窝饲养，否则仔猫会发育不良。平时不喂水，只有在高温季节和小灵猫发烧时喂其清洁水。

小灵猫的繁殖

小灵猫饲养20个月后具有繁殖能力，每年春秋两季均可繁殖。雌灵猫发情时发出"咯、咯"的求偶叫声。可以选择体型大小相当、健壮的雄灵猫与雌灵猫配对关养，让其自然交配。小灵猫交尾多在夜间进行。小灵猫怀孕期为69～116天，平均90天。已怀孕小灵猫要单独在安静的地方饲养，以防止其受惊流产。小灵猫产仔多在5～6月的夜间或清晨进行，每胎产仔2～5只，一般为3只。初生仔猫1周后开眼，半月后出窝活动，仔猫断奶前，应诱导其舔食母猫饲料，使其习惯吃饲料，提早开食，为断奶后培育健壮小灵猫及分窝饲养做好准备。

大灵猫

大灵猫的体形较大，身体细长，额部相对较宽，吻部略尖。它体长65～85厘米，最长可达100厘米，尾长30～48厘米，体重6～

11千克。大灵猫的体毛主要为灰黄褐色，头、额、唇呈灰白色，体侧分布着黑色斑点，背部的中央有一条竖立起来的黑色鬣毛，呈纵纹形直达尾巴的基部；两侧自背的中部起各有一条白色细纹。颈侧至前肩各有三条黑色横纹，其间夹有两条白色横纹，均呈波浪状。胸部和腹部为浅灰色。四肢较短，呈黑褐色。尾巴的长度超过体长的一半，基部有1个黄白色的环，其后4条黑色的宽环和4条黄白色的狭环相间排列，末端为黑色，所以俗名"九节狸"。

大灵猫的雄兽在睾丸与阴茎之间、雌兽在肛门下面的会阴部附近都有一对发达的囊状芳香腺，雄兽开启的香囊呈梨形，囊内壁的前部有一条纵嵴，两侧有3～4条皱褶，后部每侧有两个又深又大的凹陷，内壁生有短的茸毛；雌兽的香囊大多呈方形，内壁的正中仅有一条凹沟，两侧各有一条浅沟。香囊中缝的开口处能分泌出油液状的灵猫香，这种灵猫香有着动物外激素的作用。其实这种分泌物十分恶臭，当发现敌害时，大灵猫就将这种带有臭气的物质喷射出来迷惑对方，这个御敌的方法非常有效，往往可以使来犯者当即转身离去，它自己则趁机逃到树上躲藏起来。灵猫香经过人工精炼、稀释后，可以制成具有奇异香味的定香剂。

大灵猫在我国广布于热带与亚热带地区，包括甘肃南部、四川、陕西秦岭、安徽南部、浙江、福建、江西、湖北、湖南、广东、海南、广西、贵州、云南以及西藏的察隅、波密、墨脱、林芝、米林、错那等地。

据调查，20世纪50年代全国大灵猫估计有超过20万头。经长期过度捕杀，其数量逐年迅速下降。至1981年全国大灵猫皮张产量

为5000～6000张。乐观地估计，20世纪80年代初全国大灵猫的自然种群不足2万头。20世纪90年代初，大灵猫浙江、江西、安徽南部、贵州等地已十分罕见。大灵猫在我国已成为濒危动物。20世纪60和70年代，昆明动物研究所曾饲养过30头大灵猫，杭州动物园也先后养育10多头，但至今已无饲养种群。原因之一是大灵猫繁殖问题尚未真正解决。昆明动物研究所饲养的30头（雌、雄各15头）大灵猫，5年仅一例怀孕产仔，但产后幼仔便被母猫吃掉，其余均处于不育状态。

大灵猫分布于我国秦岭、长江流域以南除台湾省以外的华中、华东、华南、西南各省区，主要栖息于海拔2100米以下的丘陵、山地等地带的热带雨林、亚热带常绿阔叶林的林缘灌木丛、草丛中。大灵猫平时营独栖生活，喜欢居住在岩穴、土洞或树洞中，昼伏夜出。它活动时喜欢沿着人行小道或在田埂上行走，除了意外情况外，大多数仍然按照原来的路线返回洞穴，这种特殊的定向本领，正依靠的是它的囊状香腺分泌出的灵猫香。

　　大灵猫在活动时，经常会在栖息地内沿途突出的树干、木桩、石棱等物体上涂抹香腺的分泌物。这种擦香行为俗称"擦桩"，起着领域的标记作用，也对其他同类起着联络的作用。当它获得食物或遇到敌害后，就能以最快的速度循着留下的标记所指引的路线准确地返回洞穴。这种分泌物的特点是，气味挥发性强，存留时间久，正好适合大灵猫在离洞穴一定距离的地方，或者空间有植物障碍，以及相隔时间长一些的情况下得到信息。这种利用化学气息联系的方式，叫作化学通讯。灵猫香是一种外激素，由于具有通信的作用，所以又叫信息素。

　　大灵猫生性机警，听觉和嗅觉都很灵敏，善于攀登树木，也善于游泳，为了捕获猎物经常进入水中，但主要在地面上活动。它是一种杂食性的动物，主要以昆虫、鱼、蛙、蟹、蛇、鸟、鸟卵、蚯

蚓，以及鼠类等小型哺乳动物为食，也吃植物的根、茎、果实等，有时还会潜入田间和村庄，偷吃庄稼、家鸡和猪仔等。它捕猎时多采用伏击的方式，有时将身体没入两足之间，像蛇一样爬过草丛，悄悄地接近猎物，然后突然冲出捕食。

大灵猫的经济价值很高，它的毛皮可制裘，分泌的灵猫香是香料工业的重要原料，对抑制鼠害、虫害也有重要作用。

大灵猫已被列为国家II级保护动物，但还缺乏有效的保护措施。在大灵猫分布区内，已建立不少国家级和省级自然保护区，如江西石城鸡公山保护区。

第三章

香　鼠

　　雄香鼠可分泌麝鼠香，麝鼠香含有和天然麝香相同的麝香酮，是天然麝香的唯一代用品。中国农科院特产研究所成立的"麝鼠人工活体取香技术及其产品利用研究"课题组，研制成功了简便的麝鼠人工活体取香方法及每年采香的次数与适期，还证明了活体取香对繁殖、毛皮质量及香液质量均无不良影响。

认识香鼠

　　香鼠又叫香鼬，体长20～28厘米，尾长11～15厘米，体重80～350克。香鼠体形较小，躯体细长，颈部较长，四肢较短。它的尾巴不是很粗，一般尾长不及体长之半，尾毛比体毛长，略蓬松。它的跖部毛被稍长，是半跖行性动物。香鼠主要分布于中国的东北、华

北、西北和西南等地区；国外主要分布于西伯利亚和朝鲜。

香鼠前、后足均具5趾，爪微曲而稍纤细。前足趾垫呈卵圆形，掌垫3枚，略圆，腕垫一对。后足掌垫4枚。掌、趾垫均裸露。香鼠的毛色根据季节的变化呈现出不同的颜色。夏季其上体毛色从枕部向后经脊背至尾背及四肢前面为棕褐色。颜面部毛色暗，呈栗棕色。腹部自喉向后直到鼠蹊及四肢内侧，为淡棕色，与体背形成明显毛色分界。腹部白色毛尖带淡黄色。上、下唇缘、颊部及耳基白色。耳背棕色。冬毛背腹界限不清，几乎呈一致黄褐色。尾近末端毛色偏暗。

香鼠的头骨吻部较短，脑颅部较大，两眶前孔之间的宽度大于吻端至眼眶前缘长度的1/3。鼻骨略呈三角形，其前中部骨缝低凹，前颌骨呈窄条状，止于鼻骨前端，眶后突之后狭缩处较凹陷。矢状嵴、人字嵴不明显。乳突较低矮。听泡为长椭圆形，两听泡内侧几

乎平行。

　　香鼠栖息于山地森林、平原农田等地带。它大多单独活动于灌丛、草坡、洞穴、岩石缝隙、乱石堆等处。香鼠栖息高度可达海拔4500米，善爬树、游水。白天、夜晚均活动，而以清晨和黄昏活动更为频繁。喜欢穴居，常利用鼠类等其他动物的洞穴为巢。产仔的洞穴附近还常有避难洞穴、贮食洞穴等。性情机警而凶狠，行动迅速敏捷，善于奔跑、游泳和爬树。香鼠主要以黄鼠、黑线姬鼠等小型啮齿动物为食，也吃小鸟、小鱼等。香鼠生活在针阔叶混交林、针叶林、灌丛草原和草甸草原。它不停地穿行于乱石、田埂的缝隙或出入于各种洞道。香鼠并不太畏人，只要不惊动它，其活动照常进行，人可接近至2米以内。据观察，香鼠也有贮存食物的习性。

香鼠一般在每年的3～4月发情交配。怀孕期大约为30～40天。5～6月产仔。每胎产6～8仔。1岁时香鼠达到性成熟。

香鼠是小型鼠类的天敌，对于控制农、林、牧业的鼠害有着重要的作用，为农、林、牧业的益兽，对于维持生态平衡有重要作用。香鼠的皮毛绒细软，色泽美观。在藏医的方剂中，香鼠肉可入药。

香鼠的经济价值

　　香鼠是一种珍贵的皮、肉、药兼用的草食性毛皮动物。

　　香鼠为鼬鼠类野生动物之一。它体型较小，身躯较长而四肢短小，尾略短，身毛色呈浅黄色，类似小黄狼形状。香鼠宰剥后的皮为筒状(毛向里板向外)，油性较大，皮板油质较多。产于山区的香鼠较小，油质少，板较白，颜色呈淡黄色者为优良色；产于草原和丘陵地带者，毛绒较大而稍粗，颜色稍黑，张幅略大，皮板质

量较粗壮。

品质规格：

香鼠皮具有毛绒细平、色泽鲜明、底绒较密，皮板薄韧等特点，适宜制作妇女、儿童毛皮大衣、披肩、皮帽以及春秋服装的镶边等。

品质等级：

甲级：真正冬皮，毛足绒厚，色泽光润，皮板洁净柔韧无伤残。

乙级：毛绒略短薄，色泽欠光润，皮板稍干厚，臀部呈现浅灰色；或毛绒略空疏，颈部皮板稍厚硬；或与甲级皮品质相仿，而有下列缺点之一者：破洞、斜破口、脱毛、疮疹、血污、透毛。生香鼠皮经鞣制成熟皮，再经过裁配、缝制、整理，成为出口的毛皮褥子或衣片（服装原料）。

出口等级：

甲级：毛绒平顺，有光泽，均匀相随。

乙级：毛绒空薄，欠平顺，无光泽。

检验：香鼠皮是法定检验出口商品，必须经检验检疫机构检验合格后方可出口。检验项目主要包括品质、数量和包装。

雄香鼠可分泌麝鼠香。麝鼠香含有和天然麝香相同的麝香酮，是天然麝香的唯一代用品。中国农科院特产研究所成立的"麝鼠人工活体取香技术及其产品利用研究"课题

组，研制成功了简便的麝鼠人工活体取香方法及每年采香的次数与适期，还证明了活体取香对繁殖、毛皮质量及香液质量均无不良影响。课题组还对麝鼠香化妆品的生产工艺配方及其对某些疾病的治疗等进行了深入的研究。

香鼠的肉具有很高的药用价值。《中国药用动物志》记载香鼠肉有解毒的功能，主治唇疮、食物中毒、药物中毒等。

第四章

麝 牛

　　麝牛最早发现于欧洲和亚洲北部，但现今主要存在于北美和格陵兰岛的北极圈地区，为分布最北的有蹄类动物。19世纪后期麝香牛在阿拉斯加地区灭绝，后来，它们又再一次被引入。如今它们主要存在于两个国家森林公园：阿拉斯加白令海国家森林公园和克努森国家公园。

认识麝牛

麝牛又叫麝香牛，体型大，但低矮粗壮；雌性较雄性小；头大，吻部宽；雌雄均具角，四肢短粗，蹄宽大；毛被厚，极耐寒；尾短；栖息于气候严寒的多岩荒芜地带，群居性，主要吃草和灌木

的枝条，冬季亦取食苔藓类。麝牛性勇敢，在任何情况下都不退却逃跑，当狼和熊等敌害出现时，群体立即形成防御阵形，成年雄性站在最前沿，把幼牛围在中间。麝牛因毛皮极好，曾被大量猎杀，几乎灭绝，后经保护，种群数量已有所恢复。

麝牛属偶蹄目，牛科，麝牛属，是麝牛属的唯一物种，仅有两个亚种。

麝牛躯体敦实，雌性略小。吻、鼻部裸露，前额有簇毛。瞳孔为紫蓝色，唇和舌尖也是紫蓝色。两只小耳也为毛所遮。体毛长，为暗黑棕色；绒毛丰满，颈背至肩部有鬣毛，鬣毛长逾30厘米，略有卷毛，下垂如披风。毛分成两层，长毛下面还有一层厚绒毛，即毛丝，毛丝既坚韧，又柔软，可挡住寒冷和潮气；上层长毛，即针毛可防雨、雪并耐磨。躯干背部是鞍形的浅色毛，年龄愈大，白色区愈明显。尾很短，隐在长毛下面。四肢短而强壮，蹄子宽大开扩，蹄下生有白色的毛，能踏冰雪而不滑。有趣的是，它的左、右蹄并不对称。雌、雄均有角，角基部扁厚，由正中均分，贴着头骨向外侧生长，两角先向下弯曲，而后又向上挑起，长度在60厘米左右，最长的纪录是70.5厘米；雌性角要短小得多。

麝牛在外形上很像牛，角也似牛，而且在四肢没有臭腺和雌兽有4个乳头等方面都与牛相似，但它的尾巴特别短，耳朵很小，眼睛前面有臭腺，四肢也非常短，吻边除了鼻孔间的一小部分外，都被毛覆盖，这些又与牛不同。牛的角是从头顶侧面长出，而麝牛和其他羊类一样，是从头顶上长出的。它的臼齿与山羊类似。麝牛学名的意思就是"羊牛"，这说明它是牛与羊之间的过渡型动物。

麝牛是生活在北极苔原的一个特有物种。在夏季，它倾向于潮湿低地，如河谷和湖边；在冬天则移动到较高的山坡、高原和积累深雪的地方，以便于觅食。

麝牛分布在阿拉斯加、加拿大北部和格陵兰、挪威等地处北极

苔原地区极端荒凉的不毛之地。夏季，苔原带除了遍布苔藓和地衣以外，还生长着几百种植物；湖泊和沼泽地带，有许多小鸟飞来筑巢；刚出洞的旅鼠开始在地面频繁活动；廖鼠在四处捕食鱼儿和昆虫；驯鹿成群漫游；狐和狼、鸥鸠等食肉动物也被引来寻食。冬季，土地遭冰雪覆盖，丰富多彩的生命活力开始消失，随着出现的是寒冷和凄凉，许多动物都远走他乡。但是在这荒凉的土地上，还可以看到一些黑褐色的麝牛在孤独地徘徊。冬季积雪深厚，它们只能用蹄刨雪，挖出一些干草叶和苔藓类为食。它们比较耐饥渴，而且厚密的绒毛又能抵御北极-50℃～-40℃的严寒。麝牛身上的绒毛又厚又密，足以抗御任何寒气和湿气，而外面的一层粗长毛又适于防御雨雪和大风。因此麝牛是极不怕冷的动物，但很怕热。

在通常情况下，麝牛很温顺，累的时候，它会停下来吃一点食物，接着平躺在地上细嚼慢咽，不一会儿便打起瞌睡来。等稍微清醒时，接着再向前走一段，然后故伎重演，吃食物、反刍、打瞌睡。其实，麝牛这样做既可减少能量的消耗，又可降低食物的需求。夏季，麝牛主要以新鲜野草为食，从融化了的小溪、池塘、河流中饮水。冬季，麝牛仅吃少量雪就可以满足身体需要，因为它吃少量的雪可以降低能量的流失。据报道，由于麝牛保持能量的效率极高，所以它所需的食物仅占同样大小的牛的1/6。

麝牛喜群居，夏季时集群较小，常觅食矮小柳树的叶子；冬季时结成的大群多至百余只。通常幼麝牛和雌麝牛位于队伍中间，身强力壮的雄牛则在四周担任警戒和保护的重任，且雄麝牛又组成各自独特的小组，每组又有自己的"组长"，但均由一头老麝牛领导（往往是怀了孕的雌麝牛）。每当队伍前进时，总由一头精明强干的雄麝牛在前面开路，后面则跟着一群浩浩荡荡的麝牛大军。

生物学家根据出土的化石，并结合地球历史分析得出结论，麝牛曾是一种在北半球分布极广的动物。早在200多万年以前，巨大的更新世冰川运动使气候剧变，冰川曾一直蔓延到中纬地区，而喜欢在冰雪中生活的麝牛亦随之来到此地。在美国中部的肯塔基州曾发现其遗骨；在法国，石器时代的洞穴中不仅发现其化石，而且岩洞的壁画和雕刻中也有其形象。石器时代结束时，麝牛因遭大量捕杀而从欧亚大陆消失了。由于当时北美大陆尚无人类居住，麝牛才得以幸存。

北极地区有为数不多的几个麝牛群，总数7000多头，麝牛已濒于灭绝。尽管格陵兰岛、加拿大等国家和地区禁止捕猎麝牛，但仍有不少麝牛遭到疯狂的捕杀。为了使这种动物能够繁衍下去，许多国家加

强了必要的保护、拯救措施。在阿拉斯加、哈德逊湾东北部、格陵兰岛西部甚至挪威北部等地，已经开始人工饲养麝牛。

　　经过夏天的休养生息，麝牛积累了大量的能量。雌性主要是为了繁殖，雄性也要在入秋的发情期争夺生殖权利。每当此时，雄麝牛脸上的麝腺会分泌出气味强烈的分泌物，经腿部沾在地上的植物上，以此来划出自己的领地，雌麝牛则被圈在其中，被严格看管和保护，其他雄麝牛不得侵入，否则双方就会展开一场惊心动魄的争夺战。经过激战，被迫认输的一方只好灰溜溜地逃跑，得胜者追击几步，然后停步朝着逃跑者吼叫数声，也无心恋战，便赶回到雌麝牛群中，因为潜在的危险依然存在。而它们的争斗，雌麝牛并不在意，仍继续不断地照常取食食物。

　　麝牛的繁殖率相对较低。交配发生在7月和9月之间，雌兽孕期8至9个月，每年4月至6月产仔，每胎产1仔，偶生2仔，雌兽一般每两年产1胎。初生幼仔毛短，体重9～10千克。哺乳期这3至4个月幼仔的成活率很低，由于此时天气很冷，夜比昼长，初生的幼仔往往因乳毛未干即被冻死。幼仔具有高度的早熟性，有着厚厚的毛皮，在出生后1小时之内就能够行走。大些的小雄牛站着时，肩高约有1.5米，体长约2.5米；小雌牛的体形小一些。雄牛3～4年性成熟，雌牛要5～6年。麝牛寿命为20～24年。

麝牛是一种很有组织性的群居动物，在遇到天敌时，不像野牛那样惊惶地乱跑，而是形成一种特殊的防御圈，十几头公牛、母牛冲上高地，肩并肩把牛犊围在中间保护起来，脸朝外，低下头，虎视眈眈地面对着敌人。它们的主要天敌是北极狼和北极熊。面对一具具三四百千克重的庞大身躯和坚硬的牛角（麝牛不论雌雄都长角），北极狼和北极熊往往无计可施。有时愤怒的麝牛会冲出防御圈，主动发起进攻。

但是，当挥舞着枪支的欧洲人进入极地，在为了获取皮毛、牛肉和牛角而向麝牛宣战时，麝牛的防御体系不仅成了虚设，而且比四散溃逃还要糟糕。捕杀者先是派出猎狗追赶麝牛，等麝牛愤怒地形成防御圈准备决一死战时，捕杀者便一个挨一个地将其射杀。

　　这种杀戮极为高效。1865年左右，阿拉斯加最后一头麝牛被射杀。到20世纪初，加拿大和格陵兰的麝牛也濒临灭绝。1902～1909年，美国探险家、海军少将彼利几次率领探险队向北极进军，共射杀了约600头麝牛作为食物，并通过出售麝牛毛皮获得活动经费。

　　如果不是加拿大政府在1917年通过法律禁止捕杀麝牛的话，麝牛可能早已灭绝。1930年，美国国会提供资金，从格陵兰运了34头麝牛重新引进到阿拉斯加。在人类的保护下，麝牛繁衍得非常快。现在阿拉斯加大约已有3000头麝牛，而全世界大约有8万头，它已不再被认为是濒危动物，某些地区甚至允许对其做限量的捕杀。

气候变化对麝牛的影响

　　野生动物保护协会在2008年启动了一项为期四年的研究项目，研究气候变化是否影响北极圈特殊居民——稀有动物麝牛的数量。

　　通过与美国国家森林公园管理局、美国地质研究协会以及阿拉斯加渔猎部的合作，野生动物保护协会已经将六只麝牛用全球定位

系统进行定位，从而能更好地了解气候变化如何影响这些来自于更新世的动物。

　　这个研究团队将了解麝牛在楚克其地区和白令海北部地区的生存现状，并预计冰雪天气、疾病和可能存在的掠夺行为对该种动物数量的影响。"麝牛是更新世遗迹的重现，它曾经与毛象、野马等原始动物生存在同一个时期。"该研究的领导者乔尔·博格博士这样说道。他是野生动物保护协会的科学家兼蒙特纳大学的教授。

　　今后，这个调查团队将对另外的30～40头麝牛进行定位以便进行相关的研究。

第五章

香　龟

　　香龟是一种十分特别的龟。它的形状和一般龟不同，其角质呈圆形，背部是颗粒状的板节。它的头顶有一个香腺，沿着颈部有一组很细的香腺管，通向壳下许多能制造香素的香胞。它每天能制造和散发出0.03克香素。这种香素的香味极为浓郁，同时这种香素又是灭杀霉菌的有效物质。

散香龟

　　在炎热的夏季，人们通常利用冰箱来防止食物腐烂变质。可是在非洲尼日尔河德拉东部30余里的喀道牧村的居民们，却把一种褐黄色的乌龟放在食物柜里。这种龟叫散香龟，当地人把它叫作"食物的防腐剂"。

　　为什么这种散香龟会有这么大的防腐本领呢？散香龟每天能制造和散发出香素。这种香素的香味极为浓郁，是灭杀霉菌的有效物质。因此，只要在食物柜内放上一只散香龟，霉菌就无法生存。更

奇怪的是，这种香素虽然具有强大的杀菌功能，但却不会使食物染上毒性。

不过，散香龟是个很贪食的家伙，必须把它关在笼子里，然后再放进食物柜内，否则，它就会把食物吃光。

麝香龟

　　麝香龟栖息在大型的泉涧、溪流、河流、沼泽，以及灰岩坑形成的池塘中。它的主要分布区从佐治亚州中部到佛罗里达州中部，向西至密西西比州东部和路易斯安那州的最东端，向北经过整个田纳西州的东部。

　　这种龟小的时候壳是墨黑色的而且很粗糙，成年后龟壳转圆滑，颜色也淡化成棕色、黑色。麝香龟吻部到颈部有两道白色的线条，是很容易分辨的美国最小的泽龟类之一。麝香龟的名字来自于此类龟的一个共同的特性：当它们受到惊扰时会由麝香腺释放出一种味道刺鼻的液体，以吓阻掠食者。

　　麝香龟体长8~13.5厘米，背甲上具有棱突（幼体尤为明显），椎盾呈覆瓦状，棕色或橙色，接缝处有深色的镶边，可能有深色的

点状或辐射条纹状的图案；腹甲小，粉红色或黄色，有一个不甚明显的铰链关节和单枚的喉盾，仅在下巴上长有触须；头部有深色的斑点或条纹。雄性具有末端呈刺状的大尾巴，而雌性尾巴的末端，仅到背甲的边缘。

人工饲养麝香龟

人工饲养麝香龟时，水不宜太深。一般4厘米以下的个体，水深不宜超过麝香龟身高的4倍；成年的个体可以考虑深一些。食物最好以去皮的虾仁和精肉为主。每天喂食两次，食量以不吃为准。

另外人工饲养的水质很关键，必须有一个完善的生化过滤系

统，以杜绝疾病的发生。

麝香龟年产1～4窝卵，每窝2～3枚，卵呈椭圆形，长29毫米。龟卵如瓷器般精美易碎，刚产下时呈半透明的粉红色，等胚胎发育后渐渐转成不透明的白色。孵化期为13～16个星期。

麝香龟是典型的杂食性动物，植物、甲壳类、小鱼、昆虫甚至动物残骸等均为其食物。不过它主要是在水底的污泥上觅食，极少离开水面。雄龟特别具有攻击性，所以饲养时要注意避免被咬到。另外麝香龟属于夜行性的龟类，白天多埋身泥底休息，到黄昏时才开始活动。它觅食时通常不会游泳而是在水底行走。长时间生活在水底使得它的龟壳上长满藻类。当温度低于10℃时它们会进入水底污泥中冬眠。

许多分类学者通常将麝香龟、动胸龟合并在动胸龟属之下。刀

背麝香龟被发现于加拿大南部与佛罗里达州的边界和洛基山脉的西部。和大多数吃天然食物的龟相比，这种龟多为食肉类且非常依赖于鱼、蜗牛、甲壳类和昆虫。虽然刀背麝香龟可以长到15厘米，但大多数只能长到8～10厘米。只要饲养者愿意提供一些基本的条件，目前的知识和技术使麝香龟非常容易饲养。麝香龟最实用

的室内住所由一个水族缸组成。麝香龟会进行大量的底部爬行，因此建议使用浅水以使它容易到达水面呼吸。对于龟苗的饲养，建议水深5～10厘米，并在另一端放上岩石以提供给它一个干的晒背场所，可能它会很少使用这个场所。麝香龟很少晒背，但增加一个刚好低于水面的架子则给了它另一种不用离开水就能晒背的选择。

对于龟苗来说水族缸合理的容量应为20加仑。随着麝香龟的生长，缸的尺寸应当增加。虽然随着麝香龟的长大，水的深度将不再成为危险，但也必须记住它绝大多数的时间在水底，太深的水会使它紧张。对于成年龟来说，水深20～30厘米最为合适。增加一处水下的躲避所或洞穴将很实用并能减轻它的紧张。如果是用假山制成的话要确定它不会倒塌。

水的质量非常重要。如果能花一点时间和金钱用在为宠物设计和购买适当的过滤系统的话，许多问题能被避免。对于成年麝香龟建议使用罐状过滤器，因为它便于清洗并能提供很好的水质。由于水深较浅，很难为龟苗提供好的过滤器，因此需要一个潜水泡沫过滤器或电力过滤器频繁地换水。虽然麝香龟已在没有晒背设备的条件下被成功的饲养，但增加晒背设备的话也不会对它们造成任何的伤害，事实上，这或许有助于促进它们在自然状态下的昼夜活动。同样，使用活的植物和照明设备也是必要的。

在饲养环境的一个角落里，一盏五金店里的反射弹簧夹灯应该被安置在一个干的晒背区域和略淹没于水中的架子的上方以提供人造的晒背设备。在这部分区域，这些设备能提供一个大约32℃的晒背地点。饲养环境里还应装备一盏全光谱荧光灯以提供紫外线。一

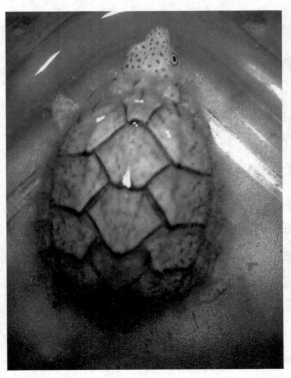

个紫外线来源对于合成维生素D3是必要的。首选的照明设备是一盏水银蒸汽灯。它能同时满足加热和紫外线的需求。尽管它的费用可能比买一个好的过滤器更贵。建议使用活的或塑料水生植物为麝香龟提供安全感和藏身处。

★ 户外饲养

　　能防范食肉动物的户外栖息地比室内住所具有更多的优势，应该在天气温暖时作为一个选择被饲养者认真考虑。一个装有安全护栏的陷入地下的儿童用浅水池就是一个耐用的户外栖息地。安装高级过滤装置的更大的池塘能为麝香龟提供一个壮观的户外的家。

★ 食物

注意别给麝香龟吃得过多。对于成年龟一周只需喂2到3次，对于处于快速生长中的幼龟需每天或每两天喂一次。麝香龟是食肉动物。小龙虾、蜗牛、昆虫和蠕虫成为它们食谱中的大部分。它也吃一些植物例如浮萍。许多市场上商业特制的龟类食料是麝香龟很好的食物。钙的额外补充是重要的。钙粉可以撒在所有的食物上。建议对室内饲养的麝香龟补充钙和维生素D3，户外饲养的则应补充钙而不需补充维生素D3。同样推荐预备一块墨鱼骨，以便其需要时啃食。如果不喂商业上特制的龟食或活鱼的话，各种维生素的添加就很重要，以使其进行正常的脂肪代谢。冷冻处理过的鱼破坏了维生素E，而维生素E对于健康的麝香龟来说是一种很重要的成分。其中一些种类在自然界中冬眠，应为此准备冬眠的设施。

第六章

香　鱼

　　香鱼属入海口洄游性鱼类，生息在与海相通的溪流之中，以黏附在岩石上的底栖藻类为食。深秋时节，香鱼集结在沙砾浅滩处排卵。产卵后，香鱼的体质变得虚弱，大多死亡。香鱼生命极为短暂，只有一年时间，故又有"年鱼"之称。

了解香鱼

　　香鱼体长10～30厘米，重50～100克，为溯河性一年生小型无毒经济鱼类。它的脊背上有一条满是香脂的腔道，能散发出香味，故被称为香鱼。其栖息深度为1～10米，栖息环境为淡水河口。每逢中秋节，香鱼集聚之处，满江飘香，栖息在碧水溪流中的香鱼纷

纷向上游挺进，被秋风吹向岸边。阵阵清香扑面而来，形成一年一度的"香鱼风"。

香鱼体狭长而侧扁，头小而吻尖，口大眼小，身体呈青黄色，背缘苍黑，两侧及腹部为白色，背有细小鳞片，尾分叉，无硬棘，背鳍后有一小脂鳍，鲜活时各鳍呈淡黄色，腹鳍的上方有一处黄色色斑。

翌年春天，幼香鱼由入海口进入溪流中生活。为了觅食，它们成群结队地逆着溪流向上游奋力游去，即便遇到急流、洪峰或其他障碍物，也奋不顾身，奋勇前进。它们一天的行程可达20公里。每年的2～5月，当河水水温逐渐上升到10℃～15℃，近于海水的温度时，在海里越冬的幼鱼（体长2～3厘米）便进入河口上溯。幼鱼在河川中生长发育，随着性腺的发育，又向河川下游洄游，在9～11月产卵。随着仔鱼的生长发育和水温的继续下降，幼鱼入海越冬。

在日本，香鱼又名鲇鱼。因为此鱼具有"占领地盘"的本领。野生的香鱼所占地盘范围约一平方米左右，加上活动的范围不过2～3米。香鱼常栖息在水浅、质瘦、温低的通海溪涧中，以刮食石上苔藓为生。

香鱼生存水温为3℃～30℃，最适水温为15℃～25℃，主要生长季节是夏季和秋季。香鱼肉质细嫩，味道鲜美，在亚洲被视为"鱼中珍品"，美国鱼类专家丹尔称赞香鱼为"世界上最美味的鱼类"。在中国大陆、港台地区及日本、东南亚，香鱼更被称为"河鱼之王"。香鱼的分布范围很广，日本、朝鲜、中国都有分布。

香鱼的食性和其他植物食性鱼类相似，在苗种阶段为动物食

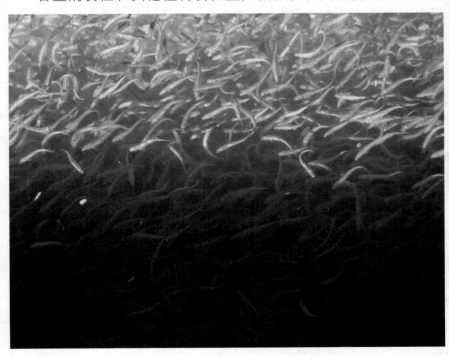

性，随着个体发育而转为植物食性兼杂食性。仔鱼孵出4~5天后开始摄食，体长在4厘米左右时摄食枝角类、桡足类及其他小型甲壳类动物，一直持续到溯河洄游。在游进河川行程中，摄食器官发生演变，摄食对象逐步改为低等藻类。

　　香鱼是秋末进行生殖的鱼类，产卵是在河水水温从19℃降到14℃时进行的。卵为黏着性，卵径约0.9~1.0毫米，产卵后成鱼大部分死亡。香鱼的产卵量最多可达13万粒，最少为1万粒，一般为2.5万粒。

香鱼的养殖

　　香鱼的人工养殖始于日本，中国的浙江省已有试验，河北省已养殖成功，台湾省则较为盛行。

　　香鱼养成与否主要取决于水源、水质、饵料、管理等。养殖场地应选择在水源充足、流量大的地方，一般水的流量要达到每秒27

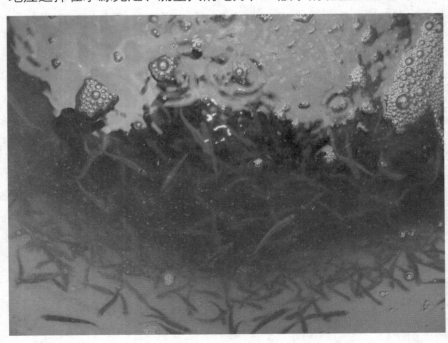

升，水温常年保持在13℃以上，PH值在6．5～7．8之间，饵料丰富无污染。北方地区应有越冬设施。

养殖池的设计

1.鱼池大小：依据水源及水量而定，一般每个鱼池以100～300平方米较为适宜。

2.鱼池结构：圆形鱼池养殖效果最好，没有死角，又易于将污物集中于中央排水处附近及时排出，以保持水质新鲜。池底的周边向池中心通常应保持1/15～1/10的倾斜度。当鱼池面积为100平方米时，池壁厚度应为15厘米，水深应为60～90厘米，池底和池壁应用石块或混凝土砌成，这样易于附生天然硅藻，增加香鱼特有的香味。

放养密度与生长

水量充足时，平均每3.3平方米可放养400尾鱼苗，香鱼的生长速度与养殖条件、管理有关，商品规格为80克。

饵料与投喂方法

配方：

鱼粉25%、动物蛋白粉5%、鸡肉粉4%、豆粕10%、米糠15%、紫花苜蓿5%、酒糟8%、维生素15%、固体脂6%、无机盐混合物4%、粗玉米粉10%。

投喂方法：

采用撒饵方法。投喂数量主要由鱼苗的放养密度、发育阶段及水温、水质和水量等环境因素决定。据观察，饵料早、晚应多投。投饵量在溶氧充足、水温在17～22℃时为鱼体重的20%；如果温度低于17℃且溶氧量低时应减少投喂量。

养殖管理

1.鱼苗入养前的准备工作

在放养前应检查、维修各项设施，并在放苗前15天左右预先进水，使池壁长满硅藻后再放苗。

2.鱼种选购与运输

香鱼为稀有品种，人工苗种仅在浙江、河北等几个育苗场有售。苗种运输可采用汽车进行长途运输，水温17℃～19℃时，成活率可达98%以上；短途运输密度可加大。

3.鱼苗放养初期的管理

鱼苗在放进鱼池之前，须先进行药浴消毒，以免将病毒带入养成池，药浴抗生素的用量约为水量的1/100000～1/50000。在放养当日便可投饵，投饵量视鱼苗的健康情况和天气而定，几天后，投饵量可逐步提高到15%左右。

养成管理

一般在3月中旬放养体重5～6克的鱼苗，到6月上旬便可达到商品规格。饵料系数为2.5～3。养成管理中应主要注意以下几个方面：

1.多投喂新鲜、营养价值高及富含动物蛋白质的饵料，以生产较大规格的商品。

2.经常注意水温的变化。香鱼不耐低温，水温较低时，易引起消化不良，有条件时可提高到最适水温或增投饵料，但避免投喂含脂肪较多的饵料。

3.香鱼有时也互相残食，需经常巡池，观察香鱼的摄食及活动情况，以便及时调整投饵量。

4.观察香鱼在池中的活动是否正常及食欲变化，检查有无病害发生，以免造成损失。

香鱼池塘集约化养殖新技术

香鱼是一种优良的养殖品种，具有适应性强、食物链短、生长快、周期短、经济价值高等特点，既可作为水库、湖泊和溪流的养殖对象，又可在池塘和网箱中进行养殖。

池塘养殖时应将池塘建造在水源充沛、有动力用电、交通方便、水质清新、溶氧丰富、pH值6.5～7.8、无污染源排放的溪流、江河和水库附近。

池底应铺以含有大量卵石的沙砾为好，亦可全部采用水泥池，这样易于附生天然硅藻，增添香鱼特有的清香味。排水口开在池底

中央，并由池底埋管排出。为防止逃鱼，排水口应设置拦鱼网，水面至堤面应保留30厘米的距离，以防鱼跃出。池中水深中心为1～1.2米，池边水以0.6～0.8米为宜。

鱼苗体长以3～4厘米为宜。在放养季节，浙江宁波等地每年2月份开始分批放苗，最迟应于4月份结束。

鱼苗放养密度依水量、水温等变化而变化。长方形池放养苗种为100～300尾/平方米，圆形池为200～400尾/平方米。这些水池除采用流水式集约化养殖外，必须日夜开动增氧机，不断增氧，这样才能保证鱼苗的成活率。鱼苗入池之前，需先进行药浴消毒，以防将细菌带入鱼池。

香鱼在天然环境中以摄食底栖藻类为主。在人工饲养时，香鱼对饲料的适应性较广，喜食切碎的糠虾、鱼粉、鲜杂鱼虾、蚕蛹、螺蛳肉、麦粉、马铃薯、黄豆、米糠、青菜等。

可用肥水繁殖浮游生物供香鱼幼苗摄食；当鱼体达到50克以上时可以投放饲料，并搭配20%～30%的青饲料。投喂以多餐少量为原则，日投喂量为鱼池鱼体总重量的4%左右，分3～4次投喂。由于香鱼有争食习性，因此投饵要注意均匀，使鱼体规格长得条匀整齐。

使用配合饲料时，应先将其用清水浸泡20分钟左右，待饲料变软后再使用。

香鱼的生长速度较快，通常体重2～4克的鱼苗，饲养一个月体重可达10克，两个月体重可达25～40克，三个月达50～60克，四个月达70～100克（商品规格为60克以上）。

鱼塘管理工作的好坏，对香鱼的成长关系极大。在春季，水温较低，容易引起鱼消化不良，必须加入维生素剂、鱼精等营养物质；夏季高温季节要注意防暑降温，当水温超过26℃时，应加强换

水增氧和采取遮阴等降温措施。在养殖后期鱼体增大，因此要加大换水量和注入畅流水，在投入饵料时更需加大注水量，以防因缺氧而引起泛池。

具体要求

★ 水源充足

池塘要求选择在水源充足、水流量大、水质清新无污染、pH值6.5～7.8之间、饵料生物丰富的地方建池。池塘形状多样，圆形、椭圆形、长方形均可，面积大小不一，小池7～10平方米，大池100～300平方米。一般圆形鱼池养殖效果最好。每口池塘建独立的进水和排水系统，进水口设在池塘上方且与池壁成45°角，排水口设在池底中央并由池底埋管排出，排水口设拦鱼网以防逃走，池底的四周略高，向中央倾斜，池水深1米～1.2米。

池壁和池底用石块或混凝土砌成，池底以铺含有大量石子的沙砾为最好，亦可全部采用水泥池，这样易于附生天然硅藻。放养前应严格检查、维修各项设施，并在放鱼前15天左右预先进水，使池壁长满硅藻后再放苗。

★ 投放时间

　　鱼种投放时间根据苗种来源而定，一般天然苗可在4月~5月采捕投放，人工繁殖的苗种可提前在2月下旬~3月放养。苗种规格一般以4厘米左右为宜，要求体质健壮，无伤无病，规格整齐。放养密度依鱼池大小、水源状况、技术条件和饵料来源等因素而定，一般每平方米放30~60尾，如水源交换充分可增加到每平方米130尾。

★ 饲料

　　饲料可用鳗鱼料。香鱼个体重50克之前一般投喂幼鳗料；个体重50克以上改成投鳗料，并搭配20%~30%的青饲料。也可自配

饲料，配方为：鱼粉25%、动物蛋白粉5%、鸡肉粉4%、豆粕10%、米糠15%、紫花苜蓿5%、酒糟8%、维生素与无机盐混合物4%、固体脂6%、粗玉米粉18%。投喂多采用撒饵法，每天投喂2次，日投喂量一般为鱼体重的4%左右，具体应根据天气、水温、水质、水体交换、鱼的健康和吃食情况灵活掌握，适当调整。注意不投喂腐败变质或脂肪含量过多的食物，以防引起鱼患肠炎病。由于香鱼有争食习惯，投饲时要注意投匀，以保证香鱼都能吃到饲料和均衡生长。

★ 日常管理

　　坚持早晚巡塘，保持水质清新；适时开机增氧，保证池水溶氧量每升4毫克以上，如遇不正常天气要特别防止缺氧泛池。注意观测池塘水温的变化，香鱼在水温10℃以下或27℃以上时摄食减少，生长减弱，甚至停滞，水温30℃以上则完全停止摄食，33℃时会因不摄食而死亡。在高温季节，水温超过26℃时则应采取降温措施，如搭遮阳棚或加注水温低的水库水或泉水。10月以后日照时间渐短，短日照会促进香鱼性成熟，尤其是雄鱼会变黑变瘦，从而降低香鱼的商品价值。可在日落时用日光灯延长日照4小时以上，使香鱼继续生长，延缓其变黑变瘦，避免鱼品质量下降。

第七章

抹香鲸

　　抹香鲸是世界上最大的齿鲸。它们在所有鲸类中潜得最深、最久，因此被称为动物王国中的"潜水冠军"。可能只有喙鲸科的两种瓶鼻鲸在潜水方面能与之相比。除了过去被视为头号捕鲸目标的时期以外，抹香鲸可能是大型鲸中数量最多的一种。

了解抹香鲸

抹香鲸由于对巨乌贼的嗜好，所以产生了一种最珍贵的海产品——龙涎香。抹香鲸把巨乌贼一口吞下，但消化不了乌贼的鹦嘴。这时候，抹香鲸的大肠末端或直肠始端由于受到刺激，出现病变从而产生一种灰色或微黑色的分泌物，这些分泌物逐渐在小肠里形成一种黏稠的深色物质。这种物质即龙涎香。龙涎香呈块状，重

100～1000克，也曾发现过420千克重，最大直径为165厘米的巨型龙涎香。它储存在结肠和直肠内，刚取出时臭味难闻，存放一段时间逐渐发香，胜麝香。

龙涎香内含25%的龙涎素，是珍贵香料的原料，是使香水保持芬芳的最好物质，是香水的固定剂，同时也是名贵的中药，有化痰、散结、利气、活血之功效。

抹香鲸巨大头部骨腔内含有大量鲸脑油(无色透明液体)，该液体经压榨结晶化为白色无臭的结晶体，即称鲸蜡。它是一种很好的工业原料，可制蜡烛、肥皂、医药和化妆品，亦可提炼高级润滑油。

抹香鲸肉质鲜美，近似牛肉，可鲜食或制成各类罐头；皮坚韧，可作制革原料；体油、脑油和龙涎香是其身上的三大宝物，具有很高的经济价值。

　　抹香鲸隶属齿鲸亚目抹香鲸科，是齿鲸亚目中体型最大的一种，雄性最大体长达23米，雌性最大体长达17米。抹香鲸体呈圆锥形，上颌齐钝，远远超过下颌。由于其头部特别巨大，故又有巨头鲸之称呼。

　　抹香鲸身体粗大，行动缓慢笨拙，易于捕杀，故现存量由原来的85万头下降到20万头。抹香鲸的长相十分怪，头重尾轻，宛如巨大的蝌蚪，庞大的头部约占体长的1/4～1/3，整个头部仿佛是一个大箱子。上颌和吻部呈方桶形，下颌较细而薄，前窄后宽，与上颌极不相称。有20～28对圆锥形的狭长大齿，每枚齿的直径可达10厘米，长约20厘米。它的鼻子也十分奇特，只有左鼻孔畅通，位于左上方，右鼻孔堵塞，所以它呼吸的雾柱是以45度角向左前方喷出

的。喷水孔在头部前端左侧，只与左鼻孔通连，右鼻孔堵塞，但与肺相通，可作为空气储存室用。它的身体的背部为暗黑色，腹部为银灰色或白色。抹香鲸经常有跃身击浪或鲸尾击浪的动作，无背鳍，鳍肢较短。

抹香鲸分布于全世界各大海洋中，在中国见于黄海、东海、南海和台湾海域；主要活动在热带和温带海域，通常在南北纬40度之间。它们常以5~20头的规模结群游荡，以雄多雌少组成群体。它们一般游速每小时3~5海里，受惊时可达7~12海里。

抹香鲸这种头重尾轻的体型极适宜潜水，加上它嗜吃巨大的头足类动物，因此它们大部分栖于深海。抹香鲸常因追猎巨乌贼而"屏气潜水"达1.5小时，可潜到2200米的深海，故它可算是哺乳动物中的"潜水冠军"。

抹香鲸常与无脊椎动物中最大的大王乌贼展开一场刀光剑影的

残杀。大王乌贼最大者达18米，重1.5吨。由于年代久远，该数据尚未得到确认，所以不可信。现在发现的最大的还是和它差好几米。有人曾在热带海洋中看到抹香鲸与大王乌贼搏斗的激烈场面，它们从深海一直打到浅海。两者相斗，不是抹香鲸吃掉大王乌贼，就是大王乌贼用触腕把鲸的喷水孔盖住使巨鲸窒息而死。那样，抹香鲸反倒成为大王乌贼的"美餐"。不过，大多是抹香鲸胜。

三级结构肌红蛋白是抹香鲸在深海中生存的必要条件。抹香鲸热衷于吃大型乌贼、章鱼、鱼类等食物，不是它喜欢不喜欢的问题，而主要是为了保证体内的肌红蛋白稳定而不被氧化。

2008年荷兰莱顿大学的科学家弗朗西斯科·布达教授和他的实验小组成员，通过精确的量子计算手段发现：熟透的虾、蟹和以三文鱼为代表的鱼类等之所以呈现出诱人的鲜红色，是因为虾、蟹及以三文鱼等都富含虾青素，熟透的虾、蟹和以三文鱼为代表的鱼类等中的天然红色物质就是虾青素。与大王乌贼拼得你死我活，其本

质就是互相争夺对方的虾青素资源，以便于自己能够在深海中长期生存下去。

抹香鲸繁殖期有激烈的争雌行为。妊娠期12～16个月。每胎仅产1仔，偶见2仔。幼仔体长4～5米，哺乳期1～2年，7～8岁时性成熟。最长寿命可有一百余年。在繁殖方式上，抹香鲸为一雄多雌。

抹香鲸喜欢结群活动，常结成5～10头的小群，有时也结成几百头的大群。它们在海上有时会顽皮地玩耍。但其性情与蓝鲸、座头鲸截然不同，十分凶猛，其他动物一旦被它咬住就很难逃脱。它有40颗18厘米长的牙齿。抹香鲸捕食大王乌贼是最惊心动魄的，双方搏斗时会一起跃出水面，简直像一座平地而起的山丘。一般前者会取胜，但有时后者也会凭借烟幕逃之夭夭。人们曾在抹香鲸胃

中发现大王乌贼没有被牙齿咬啮的痕迹，还有人在抹香鲸腹中度过一天一夜居然没有死。这说明，抹香鲸虽有强大的牙齿，但并不完全靠牙齿咀嚼食物。

　　抹香鲸的举止与其说像呼吸空气的哺乳动物，倒不如说像潜水艇。它们常潜于寒冷、黑暗的海洋深处，去猎取深水鱿鱼、鲨鱼或其他的大型鱼类。

　　1991年，在加勒比海的多米尼加岛附近，科学家发现了一项令人难以置信的记录：抹香鲸可以潜到2000米深的海底。但是，还有间接证据表明抹香鲸还能潜得更深。例如，1969年8月25日，在南非德班市以南160千米处，捕鲸人捕猎了一头雄性抹香鲸。在这只抹香鲸的胃里，人们发现了两只小鲨鱼，据说这种鲨鱼只在很深的海底生存。由于那一带水域的水深超过3193米，所以从逻辑上可以设想，这只抹香鲸在追捕猎物时曾到过类似的深度。

抹香鲸还创造了哺乳动物当中潜水时间最长的纪录。从它开始捕捉那两只小鲨鱼算起到它露出水面呼吸为止，它在水下大约待了1小时52分钟。

1978年4月8日在山东青岛搁浅了一头雄性抹香鲸，它体长14米，重22吨，初步鉴定其年龄为37岁。鲸由中科院青岛海洋研究所制成标本，现展于青岛海产博物馆。它吸引了众多游客，令人流连忘返。该鲸的骨骼系统也于1995年5月架起来并对观众展出，这是我国最完整的齿鲸骨骼系统，它向人们说明：鲸在漫长的历史征程中，由陆地进入海洋的事实。

2008年初，一头重达48吨的抹香鲸在山东荣成搁浅死亡，后经

过几个月的时间被制作成骨架标本和皮肤标本，该标本现在刘公岛鲸馆展出，同时展出的还有龙涎香。这是亚洲目前搁浅的最大重量的抹香鲸之一。

2012年3月17日，在江苏盐城市滨海县境内的黄海海域搁浅的4头鲸鱼，经抢救无效全部死亡。

据了解，鲸鱼是2012年3月16日上午搁浅的，搁浅的4头鲸鱼大的有三四十吨重，小的也有近二十吨重。

赶到现场指挥救援的南京师范大学专家认定，这4头巨鲸为世界上最大的齿鲸——抹香鲸，一母三公。据悉，这是自1985年以来，中国海域发生的第二次大规模鲸鱼搁浅死亡事件。

　　据了解，抹香鲸是群居类的海洋动物。对于鲸鱼搁浅海滩的原因，人们看法不一。有人认为是鲸鱼觅食遇到大海退潮才导致搁浅，有人认为是鲸鱼洄游路过这里搁浅，也有人认为是海洋环境所致。

龙涎香

龙涎香是一种名贵的动物香料，有"天香""香料之王"等美誉。它与麝香的香韵几乎是所有高级香水和化妆品中必不可少的配料。龙涎香的香味清灵而温雅，既含麝香气息，又微带壤香、海藻香、木香和苔香，有着一种特别的甜气和说不出的奇异香气。其留香性和持久性更是其他香料无法比拟的。作为固体香料，它可保持其香气长达数百年。历史上流传有龙涎香"与日月共长久"的佳话。据说在英国旧王宫中，有一房间因涂有龙涎香，历经百年风

云，至今仍香气四溢。

那么，如此美好的东西是怎样产生的呢？《星槎胜览》记载："龙涎屿，独然南立海中，波击云腾，每至春间，群龙所集，于上交戏，而遗涎……其龙涎初若脂胶，黑黄色，颇有鱼腥之气，久则成就土泥。"由此可知，先人相信龙涎香是"龙之唾液"。这种说法当然是不科学的。

后经反复研究，海洋生物学家们才真正解开龙涎香的诞生之谜。原来，它源于抹香鲸的体内。抹香鲸最喜欢吞食章鱼、乌贼、锁管等动物，而这类动物体内坚硬的"角喙"可以抵御胃酸的侵蚀，在抹香鲸的胃里不能被消化，而抹香鲸如果将其直接排出体外的话，势必会割伤肠道。于是在千万年的进化中，抹香鲸慢慢适应了这种"饮食"习惯，它的胆囊大量分泌胆固醇，这些胆固醇进入胃内将"角喙"包裹住，从而形成罕见的龙涎香，后抹香鲸再缓慢地将龙涎香从肠道排出体外，有时也会通过呕吐排出。稀世香料就这样产生了。

奇怪的是，刚刚诞生的龙涎香不仅不香，还会奇臭无比。在海波的摩挲下、阳光的曝晒下、空气的催化下、其臭味才能慢慢消减，然后淡香

出现，并逐渐变得浓烈；颜色相应地也会由最初的浅黑色，渐渐地变为灰色、浅灰色，最后成为白色。白色的龙涎香品质最好，它往往需要经过百年以上海水的浸泡，才能将杂质全部漂出，从而"修"成上品。

后记
天然香料的发展史

　　动物香料是较珍贵的天然香料，在调香中除起圆和谐调、增强香气等作用外，还有使香气持久的定香作用。动物香料主要有4种：麝香、灵猫香、海狸香和龙涎香。通常以乙醇制成酊剂，经存放令其圆熟后使用。除龙涎香是抹香鲸肠胃内不消化食物产生的病态产物外，其他三者都是从腺体分泌出的引诱异性的分泌物。动物香料在未经稀释前，因香气过于浓烈反而显得腥臊，稀释后即能发挥其特有的赋香效果。

走近天然香料

天然动物香料一般分为浸膏、净油、精油、压榨油、单离香料、酊液和香树膏七类。随着人们消费观念的改变，考虑到化学合成物质的安全性及环境问题，化学合成香料的用量逐渐减少，而天然香料的应用日益广泛。天然香料以其绿色、安全、环保等特点，日益受到人们的钟爱。世界天然香料产量正以每年10％～15％的速度递增。中国拥有丰富的植物性天然香料资源，有500余种芳香植物广泛分布于20个省市，但由于提取、加工工艺落后，香料资源只有部分被开发利用。很多植物性天然香料只能做到初步提取，而且收率和纯度都较低，甚至有一些产品被运到国外进行深加工。这不仅导致中国市场植物性天然香料紧缺，而且严重浪费中国的宝贵资源。近年来，瑞士、美国、德国、日本和韩国等国家对天然香料的应用研究很活跃，主要倾向于研究天然香料的功能性，如免疫性、神经系统的镇静性、抗癌性、抗老化性、抗炎性和抗菌性等。

中国天然香料的发展史

　　天然香料历史悠久，可追溯到五千年前的黄帝、神农时代。当时就有采集植物香料来作为医药用品驱疫避秽的传说。当时人类对植物中挥发出的香气已很重视。闻到百花盛开的芳香时，会感受到美和香的快感。将花、果实、树脂等芳香物质奉献给神，芬芳四溢，从而达到神圣的境界。

　　因此，上古时代人们就把这些有香物质作为敬神明、祭祀、清净身心和丧葬之用，后来逐渐将其用于饮食、装饰和美容上。在夏、商、周三代，对香粉、胭脂就有记载，张华博载"纣烧铅锡作粉"，《中华古今注》也提及"胭脂起于纣"，"自三代以铅为粉，秦穆公女美玉有容，德感仙人，萧史为烧水银作粉与涂，亦名飞云丹，传以笛曲终而上升"。由此可见脂粉一类产品早在三代已使用。春秋以后，宫粉、胭脂在民间妇女中也开始使用。《阿房宫赋》中描写宫女们消耗化妆品用量之巨，令人叹为观止。《齐民要术》记有胭脂、面粉、兰膏与磨膏的配制方法。

国外天然香料的发展史

　　国外天然香料的发展也有数千年的历史。公元前3500年的埃及皇帝晏乃斯的陵墓于1987年被发掘，考古工作者在其中发现的美丽的油膏缸。油膏缸内的膏质仍有香气，似是树脂或香膏。该膏质现在可在英国博物馆或埃及开罗博物馆看到。僧侣们可能是主要的采集、制造和使用香料者。公元前1350年，埃及人在沐浴时会使用香油或香膏，他们认为香料有益于肌肤。当时用的香油或香膏可能是百里香、牛至、没药、乳香等，它们是以芝麻油、杏仁油、橄榄油为介质的。麝香用得也很早，约在公元前500年。

　　1708年伦敦调香师查尔斯李利制成了一种含香的鼻烟，它含有龙涎、橙花、麝香、灵猫香和紫罗兰等综合性的香气。1709年著名的古龙水问世了，它原来的目的是清毒杀菌，但由于带有令人感兴趣的而又协调的柑橘香气和药草香，它很快地、普遍地被人们用作漱用水。这种香型流行极广，药草香遍及世界各地，至今仍然风行不衰，并有了很大的提高和发展。这确实是一种极为成功的调香创作。